BEI GRIN MACHT SICH IHR WISSEN BEZAHLT

Patrick Boll

Formenschatz der Deutschen Nordseeküste

GRIN Verlag

Bibliografische Information der Deutschen Nationalbibliothek:

Die Deutsche Bibliothek verzeichnet diese Publikation in der Deutschen National-
bibliografie; detaillierte bibliografische Daten sind im Internet über http://dnb.d-
nb.de/ abrufbar.

Impressum:

Copyright © 2010 GRIN Verlag GmbH
Druck und Bindung: Books on Demand GmbH, Norderstedt Germany
ISBN: 978-3-640-85343-4

Dieses Buch bei GRIN:

http://www.grin.com/de/e-book/168386/formenschatz-der-deutschen-nordseekueste

GRIN - Your knowledge has value

Der GRIN Verlag publiziert seit 1998 wissenschaftliche Arbeiten von Studenten, Hochschullehrern und anderen Akademikern als eBook und gedrucktes Buch. Die Verlagswebsite www.grin.com ist die ideale Plattform zur Veröffentlichung von Hausarbeiten, Abschlussarbeiten, wissenschaftlichen Aufsätzen, Dissertationen und Fachbüchern.

Besuchen Sie uns im Internet:

http://www.grin.com/

http://www.facebook.com/grincom

http://www.twitter.com/grin_com

Christian-Albrechts-Universität zu Kiel

Fachbereich Geographie

Begleitseminar: Physische Geographie I

Wintersemester 2010/2011

Formenschatz der Deutschen Nordseeküste

Patrick Boll (1. Semester)

1. Einleitung

Entlang der Deutschen Bucht, von der Emsmündung bis nach Sylt, auf ca. 1155 km Länge, erstreckt sich die Deutsche Nordseeküste. Sie umfasst dabei die beiden Bundesländer Niedersachsen und Schleswig-Holstein. Dieser südliche Teil der Nordsee ist heute geprägt von den Gezeiten, verschiedenartigen Inseln und der Landschaft, welche sich entlang der Küste erstreckt. Letztendlich aber auch durch die Menschen, die die Nordseeküste bewohnen und bewirtschaften. Diese Arbeit befasst sich mit den heute noch erkennbaren geomorphologisch Formen, die sich an der Deutschen Bucht entwickelt haben, beginnend im Pleistozän. Danach soll ein Überblick über die Landschaftstypen an der Nordseeküste gegeben werden. Am Ende wird noch auf das Thema Küstenschutz eingegangen werden.

2. Prozesse

Der heute noch sichtbare Formenschatz der Deutschen Nordseeküste wurde geschaffen von glazialen, biologischen, maritimen, äolischen und anthropogenen Prozessen. Sedimentation spielt dabei eine entscheidende Rolle. Dieses Kapitel befasst sich mit den glazialen Effekten im Pleistozän und den periglazialen Prozessen aus dem Holozän.

2.1 Pleistozän

Ihre heutige Gestalt erhielt sie durch geologische-geomorphologische Prozesse, die sich während des letzten Eiszeitalters abgespielt haben. Sie hinterließen das flache Relief der Marsch und die Wattflächen. Zum einen wurde das Gebiet während des Pleistozäns wiederholt glazial geprägt (Falk, 2002). Insbesondere die letzten drei Kaltzeiten sind für den heute noch sichtbaren Formenschatz entscheidend. Zu dieser Zeit, war die Nordsee noch weit von ihrer heutigen Küstenlinie entfernt (siehe Kap. 2.2). Während der Eiszeiten spielten sich glaziale Prozesse ab, welche das Land prägten. Man spricht hierbei von einer glazialen Serie (→ Abb. 1). Dabei handelt es sich um ein Modell, dass zur Erklärung einer bestimmten Landschaftsform dient. Im Idealfall können mehrere Elemente in der Natur gefunden werden. Die glaziale Serie beginnt mit einer Grundmoränenlandschaft, danach folgt eine Kette von Endmoränen. Dazu kommen die aufgeschütteten Sander und ein Urstromtal (Koppe, 2009). Eine Grundmoräne kommt nach dem Abschmelzen des Gletschers zum Vorschein. Dabei entstehen verschiedene Landschaftsformen. Mit Endmoränen werden Hügel bezeichnet, welche sich durch Aufschüttung am Rande eines Gletschers bilden können. Diese Moränen werden immer wieder von Wasser durchstoßen. Hinter ihnen entstehen die sogenannten Sander.

Das Wasser transportiert Sedimente durch die Endmoränenkette, welche sich dahinter ansammeln. Entscheidend dabei ist, die Größe der Sedimente. Die Schwersten, beispielsweise Findlinge, setzen sich zuerst ab. Dahinter folgen Kiese und Sande. Feinste Sedimente, wie Tone und Schluffe, werden komplett davon getragen. Das von Sedimenten gereinigte Wasser fließt weiter Südlich mit den Flüssen zusammen. So entstehen große Ströme, die ein Urstromtal bilden und in die Nordsee abfließen. Ein Beispiel dafür ist das Elbe-Urstromtal.

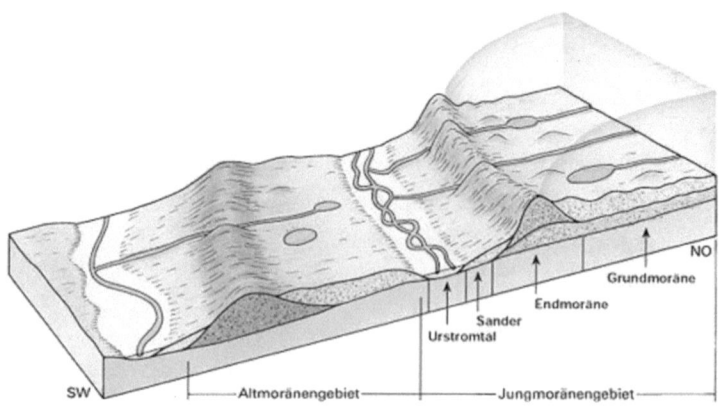

Abb. 1: Glaziale Serie in Norddeutschland mit Sander und Urstromtal (Quelle: TERRA Lexikon)

2.2 Holozän

Seit dem Beginn des Holozäns, wird die Nordseeküste hauptsächlich durch die Nordsee selbst geformt. Weitere Faktoren sind der Wind, die Sedimentation durch Flüsse und, wie wir noch sehen werden, die Anwesenheit von Pionierpflanzen. Im weichseleiszeitlichen Kältemaximum, so schätzt man, gab es eine weltweite Eismenge von 70 Millionen Kubikkilometern. Dies entspricht der 2,33 fachen Menge von heute. Unter Berücksichtigung der 10% geringeren Dichte des Eises, führte das Abschmelzen zu einem Meeresspiegelanstieg von ca. 100 Metern. Das Resultat war ein Vordringen der Nordsee in mehreren Schüben (→

Tab. 1). Schließlich, vor ca. 4000 Jahren, stoppte die klastische Sedimentation das Meer. Um diese Zeit herum, ist das heutige Wattenmeer entstanden (Schmidtke, 1995).

Vor ... Tsd. Jahren	Stand in NN
25	100 m
15	80 m
10	50 m
8.5	40 m
6	30 m
5	10 m

Tab.1: Stand des Meeresspiegels (Quelle: nach Schmidtke 1995, S. 86)

3. Der Formenschatz

Grundsätzlich wird die Landschaft an der Deutschen Bucht in drei Typen eingeteilt. Auf das Watt folgt die Marsch, danach die Geest. Alle drei haben eine unterschiedliche jedoch miteinander verknüpfte Entstehungsgeschichten, die im Folgenden näher betrachtet werden sollen.

3.1 Die Marsch

Charakterrisstisch für die Marsch ist ihr flaches Relief. Sie liegt zwischen dem Watt und der Geest. Eine Marschlandschaft entsteht durch die Verlandung von Wattflächen. Dies geschieht zum einen durch sogenannte Pionierpflanzen und zum anderen durch den Menschen selbst. Durch die Überwucherung wird der Boden vor weiterer Erosion durch Wind und Wasser geschützt. Pionierpflanzen haben die Eigenschaft sich in noch unbewohnten Lebensräumen anzusiedeln, daher der Name. Sie sind oft sehr resistente Pflanzen mit einer hohen Samenproduktion. Auch spielt die Art der Verbreitung eine wichtige Rolle. Pionierpflanzen sind meist Luftverbreiter. Im Laufe der Zeit werden sie jedoch von anderen Pflanzen abgelöst, da eine hohe Samenproduktion Ressourcen verbraucht, welche beispielsweise negative Auswirkung auf die Wuchshöhe haben können. Die erste Pionierpflanze an der Deutschen Bucht ist der Europäische Queller. Bei der Bildung der Marsch entstehen zuerst die Salzwiesen. Sie werden immer wieder aber unregelmäßig überflutet. Dies führt zu einem relativ hohen Grundwasserspiegel in der Marsch, was sie zu einem guten Anbaugebiet macht. Der Mensch hat die Salzwiesen im Laufe der Zeit, mit Hilfe von Entwässerungssystemen, nach und nach entwässert. Zusätzlich gebaute Deichanlagen schützen die Marsch vor dem

Meer. Jedoch werden Eindeichungen heute nicht mehr betrieben (Falk, 2002). Das so gewonnene Neuland nennt man in Deutschland Koog. Ein Beispiel kann die Küstenentwicklung in Dithmarschen sein (→ Abb. 2).

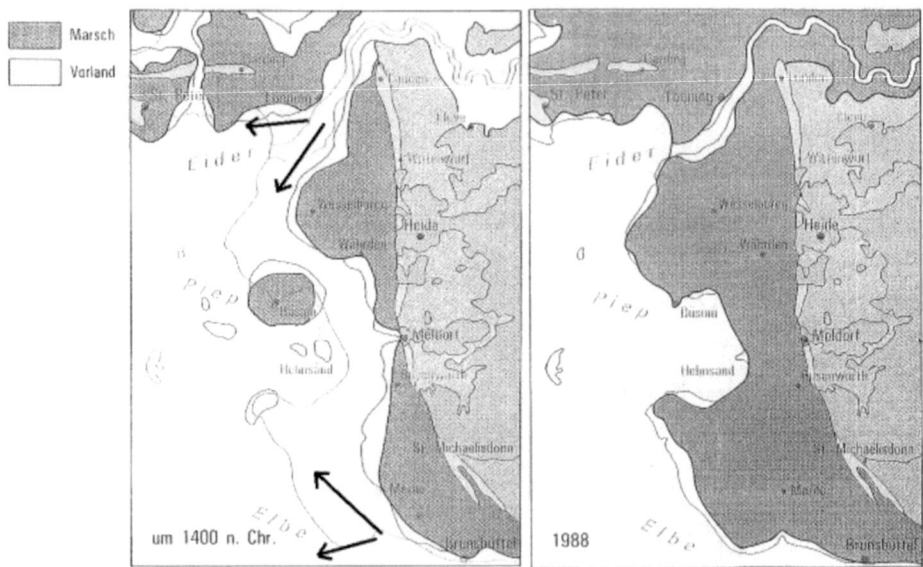

Abb. 2: Küstenentwicklung in Dithmarschen (Quelle: Schmidtke, Wieland)

3.2 Die Geest

Die Geest ist ein Altmoränengebiet (→ Abb. 1). Sie besteht aus Grundmoränen, Endmoränen und Sandern an welche sich damals ein Urstromtal anschloss. Anders als das östliche Hügelland, welches eine Jungmoränenlandschaft darstellt, ist ein Altmoränengebiet bereits durch periglaziale Effekte überprägt worden. Dies bedeutet, dass das typische Relief heute kaum noch sichtbar ist. In der Geest gibt es keine größeren natürlichen Seen und das Relief ist flacher als im östlichen Hügelland. Während der Weichseleiszeit wurde das Relief der Geest durch Erosion verfüllt. Der Geestboden besteht aus Gestein, das von den Gletschern liegen gelassen wurde und deren Reibungsprodukten. Dieser Boden ist also reich an Quarzsand. Deshalb ist der ursprüngliche Geestboden kein fruchtbarer Boden. Durch Düngung, hat der Mensch die Böden soweit beeinflusst, dass sie heute landwirtschaftlich genutzt werden können.

Da die Geest höher liegt als die Marsch, bietet sie Schutz vor den Sturmfluten. In der Geest hat man seit dem 18. Jahrhundert angefangen Knickhecken zu pflanzen. Diese bieten Schutz vor den äolischen Abtragungsprozessen. Die Geest geht in Norddeutschland meist direkt in die Marsch über, nur nördlich von Husum reicht die Geest unmittelbar an das Watt (Falk, 2002). In der Geest fließen außerdem hierarchische Flüsse.

3.3 Das Wattenmeer

Das Wattenmeer wird zum einen durch den hohen Tidenhub in der Nordsee erzeugt. Es ist geprägt von Ebbe und Flut. Zwar gibt es auch in der Ostsee Gezeiten, jedoch ist der Tidenhub so gering, dass dieser nicht wahrnehmbar ist. Der durchschnittliche Tidenhub im Wattenmeer kann bis zu 2 m betragen, dagegen sind es in der Ostsee nur 50 cm. In den Flussmündungen, beispielsweise der Elbe, sogar bis zu 4 m. Die Gezeiten haben ihren Ursprung im Atlantik selbst. Dessen Gezeitenwelle strömt in die Nordsee. Das Watt an der Nordsee gilt als die größte zusammenhängende Wattfläche der Welt. Teile des Wattenmeeres zählen zum UNESCO Welterbe. Die Region ist bestimmt durch Sedimentation und ihre Hydrologie. Die schmelzenden Gletscher erschufen die Rinnen für die heutigen Flüsse. Während der Interstadiale haben Flüsse, wie die Elbe, große Mengen Material in die Nordsee befördert. Dieses lagert sich, auch heute noch, an der Küste ab (CWSS, 2008). Die Nordseeküste ist flach ansteigend, dadurch können sich Sedimente besser ablagern. Ein weiterer Faktor ist das Hinterland, dieses darf nicht zu hoch liegen, da sonst die für die Sedimentation wichtigen Flüsse zu große Flussgeschwindigkeiten entwickeln. Die Konsequenz wäre, dass sich Sedimente nicht genug ablagern können oder Vorhandene vom Wasser davon gespült werden. Dazu kommt der Wipp-Effekt. Skandinavien und Norddeutschland liegen auf einer Platte. Während der Eiszeiten, war Skandinavien, bedingt durch die Eismassen, bedeutend schwerer als heute. Im Laufe der Zeit senkt sich das Gebiet um die Deutsche Bucht herum ab. Zusätzlich werden die Wattgebiete von den davor liegenden Barriereinseln geschützt (→ Abb. 3). Auf dieser Abbildungen sind auch die Priele zu erkennen.

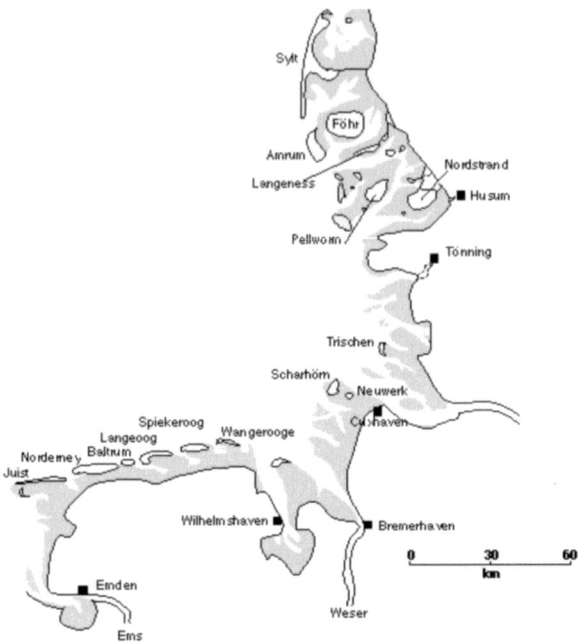

Abb. 3: vereinfachte Karte des Wattenmeeres (Wattflächen in grau) (Quelle: GKSS nach WWF)

3.4 Inseln

Vor der Deutschen Bucht liegen verschiedenartige Inseln. Im Norden liegen die Nordfriesischen Inseln. Sie sind die Überreste ehemaliger Landmassen, die von den Sturmfluten geteilt wurden. Die Nordfriesischen Inseln Amrum, Föhr und Sylt haben einen Geestkern. Um diesen herum hat sich im Laufe der Zeit, durch maritime Sedimentation, Material angesammelt. Nordstrand und Pellworm bestehen dagegen aus altem Marschland. Neben Amrum, Föhr, Nordstrand, Pellworm und Sylt gibt es noch die Halligen. Sie werden während der Flut überspült. Die Halligen bestehen ebenfalls aus Marschböden. Die Ostfriesischen Inseln haben keinen heute noch sichtbaren Inselkern. Vermutlich sind sie Teile die durch das Meer vom Festland abgetrennt wurden. Zwischen ihnen und dem Festland liegen die sogenannten Seegatten. In diesen Rinnen ist die Strömung stärker, was diese Rinnen stark erodieren lässt. Während der Ebbe sind sie über das Watt zu Fuß erreichbar. Wie bereits erwähnt, haben die Inseln die Funktion von Barriereinseln. Sie schützen das Watt, das zwischen ihnen und dem Festland liegt, vor Erosion durch die Fluten.

4. Zusammenfassung

Die heutige Deutsche Nordseeküste wurde geschaffen von Natur und Mensch. Seien es die glazialen Prozesse oder die anthropogenen Bemühungen zur Beschleunigung des Umwandlungsprozesses von Wattflächen zu Marschgebieten. Das Wattenmeer bietet einer hochspezialisierten Flora und Fauna einen Lebensraum. Dazu kommt ein reger Tourismus an der Deutschen Nordseeküste. Der Raum ist insgesamt ein wichtiger Wirtschaftsraum (Safecoast, 2008). Es erscheint wichtig diese Region zu schützen. Ziel des Küstenschutzes ist zum einen der Schutz vor Hochwasser. Historische Katastrophen wie die Marcellusflut im Jahre 1362, bei der ca. 100 000 Menschen ums Leben kamen, sind mahnende Beispiele. Die Bewohner Nordfrieslands hatten über die Zeit so viel Torf gestochen, dass das Land bedeutend vertieft wurde. Die Marcellusflut brachte die Katastrophe (Schmidtke, 1995). Zum anderen versucht man dem Landverlust entgegen zu wirken. Küstenschutz benötigt ein sorgfältiges Management, dessen Maßnahmen man in mehrere Phasen unterteilen kann (→ Tab. 2).

Measure category related to risk management phase	Structural measures	Non-structural measures
1. Prevention	Spatial planning to reduce vulnerability (relocation, zoning) Space allocation/reservation: • for water storage/discharge • for future flood defence systems Dike compartments (secondary dikes) Adaptation of buildings and structures Local protection of structures Use of dwelling mounds Managed realignment	Spatial planning and enforcement procedures Awareness raising, coastal risk education and communication: • flood risk maps • information campaigns • self help kit & advice
2. Protection	Building, adjusting and maintaining natural and man-made flood protection systems (dikes, sea walls, dunes, barriers, boulevard systems) Building, adjusting and maintaining natural and man-made flood systems to reduce hydraulic loads (mud flats, foreland, artificial reefs, water management measures, emergency overflow) Building, adjusting and maintaining natural and man-made systems to counteract coastal erosion (dikes, sea walls, groynes, breakwaters, sand nourishments)	Inspection and monitoring procedures related to: • hydraulic boundary conditions • condition and functioning of natural and man-made coastal protection systems
3. Crisis management	Flood protection systems emergency repair and restoration facilities (sand bags, foils, mobile dams) Dry evacuation routes and safe havens Availability of equipment and emergency supplies (for search and rescue, survival)	Storm surge monitoring and warning procedures (dike watch) Contingency plans Emergency scenarios Evacuation plans and procedures Crisis communication and information procedures (cell broadcasting, radio messages)
4. Recovery	Pumping and drainage systems Flood defence system restoration Reconstruction of infrastructure Reconstruction of buildings and facilities (damage repair)	Insurance cover Disaster funds Psychological support systems Return programmes

Tab. 2: vereinfachte Übersicht der Managementmaßnahmen (Quelle: Safecoast 2008)

5. Literatur

CWSS, Common Wadden Sea Secretariat, Nomination of the Dutch-German Wadden Sea as World Heritage Site Vol. 1, Besemann, Wittmund, 2008.

Falk, Gregor C.,Lehmann, Dirk , Nordseeküste: Exkursionen zwischen Sylt und Elbmündung, Klett-Perthes, Gotha, 2002.

Schmidtke, Kurt-Dietmar, Lammers, Wulf, Die Entstehung Schleswig-Holstein, Wachholzt, Neumünster, 1995.

Safecoast (2008), COASTAL FLOOD RISK AND TRENDS FOR THE FUTURE IN THE NORTH SEA REGION, synthesis report. Safecoast project team. The Hague, pp. 13.

Koppe, Wolfgang: Haack-Weltatlas Online, Infoblatt Glaziale Serie, http://www.klett.de/sixcms/list.php?page=infothek_artikel&extra=Haack%20Weltatlas-Online&artikel_id=108599&inhalt=kss_klett01.c.133609.de, Klett Verlag, 03.01.2011.

Litnl, Mathias: Forum Erdkunde Schleswig-Holstein 1995 Uni-Lüneburg, http://www.uni-kiel.de/forum-erdkunde/hintergr/sh1995/glied.htm, 21.12.2010.

Schwarze, Sonja: Wat is Watt?, http://www-user.uni-bremen.de/~sonjas/deck.html, 03.01.2011.

Abbildungsverzeichnis

Abb. 1: Glaziale Serie in Norddeutschland, TERRA Lexikon, Klett Verlag, 2001.
Abb. 2: Die Küstenentwicklung in Dithmarschen (nach Wieland), Schmidtke, Kurt-Dietmar, Lammers, Wulf, Die Entstehung Schleswig-Holstein, Wachholzt, Neumünster, 1995. *Bearbeitet.*
Abb. 3: http://coast.gkss.de/watis/WATiS.html → Map of The Wadden Sea II (as made by WWF), *Bearbeitet.*